1 はじめに

　ブラックホールというと，宇宙に存在する恐ろしい天体とお思いの方がいらっしゃるかもしれません．何でも吸い込む「宇宙の落とし穴」のように思えるでしょう．もしかしたら空想の産物ではないかと考える方がいらっしゃるかもしれません．

　ところが現代物理学では，ブラックホールの存在が予言されます．そして観測からも，ブラックホールらしい天体が見つかっています．さらに，ブラックホールに関しては単なる「落とし穴」ではなく，私たちに様々な情報をもたらしてくれる可能性も，最近の観測から広がってきています．特に 2015 年の重力波の初検出以降，次々とブラックホールの合体によるものと思われる重力波が検出されており，ブラックホールにまつわる科学は新たな局面を迎える時代にあります．

　本書では一般相対性理論の発表以前から考えられてきたブラックホールについて，歴史を手短に解説してみます．

2 古典力学での考察

　ブラックホールという天体に対する考えは，一般相対性理論の発表より前からありました．イギリスのミッチェル (1724〜1793 年) は，1784 年に光すら出てこられない天体に関するアイディアを論文で発表しています [1]．ただし当時の論文は，現在の論文とは異なり数式を駆使して述べるものではなく，どちらかというと現在の啓蒙書のように文章で研究成果を披露するものでした．このため，厳密な計算に関する数式はありません．「ニュートンの万有引力の法則が光の粒子にも及ぼされるならば，太陽の 500 倍の質量の星からは，光が出てこられないだろう」というのが彼の主張です．ミッチェル自身の業績としては，キャベンディッシュが重力定数の測定に使ったねじり秤の発明などが挙げられます．

　一方，フランスのラプラス (1749〜1827 年) も，地球と同程度の密度で半径が太陽半径の 250 倍もの星であれば，光すら出てこられなくなるだろうと自身の著書で述べています [2, 3]．ラプラスの業績は，ラプラス方程式，ラプラス演算子，ラプラス変換など数多くあります．また，長さの単位であるメートルの提唱者でもあります．

　両者とも光を粒子としてとらえて考えた訳ですが，光の干渉に関するヤングの実験などにより光の波動説が優勢になり，彼らの考えはしばらくは歴史の表舞台には現れませんでした[*1]．

[*1] 現在の星の進化に関する研究では，このような巨大な星は内部の核融合反応が激しくなりすぎて安定に存在できないと考えられています．例外については最終章で述べます．

3 一般相対性理論による球対称解

3.1 シュヴァルツシルト解

1916 年にアインシュタインが一般相対性理論を提唱しました．その直後にカール・シュヴァルツシルト (1873〜1916 年) は，一般相対性理論の基礎方程式であるアインシュタイン方程式について，真空かつ球対称という仮定の下で，特殊解を導出しました．この解はシュヴァルツシルト解とよばれています．

この解の特徴は，計量で表すとわかりやすいでしょう．世界間隔を表すと以下のようになります．

$$\mathrm{d}s^2 = -\left(1 - \frac{r_{\rm sch}}{r}\right)c^2\mathrm{d}t^2 + \left(1 - \frac{r_{\rm sch}}{r}\right)^{-1}\mathrm{d}r^2 + r^2\left(\mathrm{d}\theta^2 + \sin^2\theta\,\mathrm{d}\phi^2\right). \tag{1}$$

ここで現れた $r_{\rm sch}$ はシュヴァルツシルト半径とよばれる量で，質量 M の天体（質点）が原点にある場合には，

$$r_{\rm sch} = \frac{2GM}{c^2}. \tag{2}$$

となります．中心からこの距離のところでは，$\mathrm{d}r^2$ の係数（計量 g_{rr}）が発散し，$\mathrm{d}t^2$ の係数（計量 g_{tt}）が 0 になります．ここに事象の地平線とよばれる境界が存在することを示します．簡単に言えば「シュヴァルツシルト半径はブラックホールの半径である」ということです．

実はニュートンの万有引力を用いて，天体の表面を光速で出発しても無限遠に到達することが出来ず再び戻ってきてしまう条件を考えると，その天体の半径はシュヴァルツシルト半径と偶然にも一致します．

シュヴァルツシルトは偉大な業績を成し遂げていますが，「ノブレス・オブリージュ」（高貴さは義務を強制する）に従い，天文台長という要職でありかつ 40 歳以上であるにもかかわらず第一次世界大戦に従軍し，従軍中の病気が元で亡くなってしまいます[*2]．

さて，シュヴァルツシルト半径では計量が発散します．シュヴァルツシルト半径では物理法則が破綻する特異点になっているのでしょうか．また，シュヴァルツシルト半径の内側と外側は全く断絶しているのでしょうか．「現代数学の父」とも称され，1900 年には「ヒルベルトの 23 の問題」を提唱した偉大な数学者であるヒルベルトは，$r = 0$ と $r = r_{\rm sch}$ に特異点があると考えました [5]．

ところが実は，$r = r_{\rm sch}$ での特異性は座標系の取り方によるものであることが示されました．スカラー量，ベクトル量，テンソル量の性質を考えてみると，スカラーは座標系の取り方に依らず不変です．一方，ベクトル量，テンソル量は座標系に依存します．つまり，不適切な座標系を取ると計量のようなテンソル量は異常な振る舞いを起こすように見

[*2] ドイツ天文協会はその後，「カール・シュヴァルツシルト賞」を設立し，天文学者となった息子のマーティン・シュヴァルツシルトは 1959 年に同賞を受賞しています．

えるわけです．シュヴァルツシルト半径では特異点にならない事は，例えばルメートルにより示されていますが [6]，フランス語の有名でない雑誌に発表したためにあまり知られることはありませんでした[*3]．

シュヴァルツシルト解について詳しく調べられるようになったのは，クルスカル・スゼッケル (Kruskal–Szekeles) 座標系の提案によります [7]．この他にも様々な座標系が提案されていますが，クルスカル・スゼッケル座標系がシュヴァルツシルト解についての性質を最大に引き出せるでしょう

クルスカル・スゼッケル座標については，以下のような時間と動径座標の座標変換を行います．以下はまず $r > r_{\mathrm{sch}}$ の場合の座標変換です．

$$T = \left(\frac{c^2 r}{2GM} - 1\right)^{1/2} \exp\left(\frac{c^2 r}{4GM}\right) \sinh\left(\frac{c^3 t}{4GM}\right), \tag{3}$$

$$R = \left(\frac{c^2 r}{2GM} - 1\right)^{1/2} \exp\left(\frac{c^2 r}{4GM}\right) \cosh\left(\frac{c^3 t}{4GM}\right), \tag{4}$$

次に $r < r_{\mathrm{sch}}$ の場合の座標変換を示します．

$$T = \left(1 - \frac{c^2 r}{2GM}\right)^{1/2} \exp\left(\frac{c^2 r}{4GM}\right) \sinh\left(\frac{c^3 t}{4GM}\right), \tag{5}$$

$$R = \left(1 - \frac{c^2 r}{2GM}\right)^{1/2} \exp\left(\frac{c^2 r}{4GM}\right) \cosh\left(\frac{c^3 t}{4GM}\right), \tag{6}$$

この座標変換の結果，シュヴァルツシルト解は以下のように書き換えられます．

$$\mathrm{d}s^2 = \frac{32 G^3 M^3}{r c^6}(-\mathrm{d}T^2 + \mathrm{d}R^2) + r^2\left(\mathrm{d}\theta^2 + \sin^2\theta\,\mathrm{d}\phi^2\right). \tag{7}$$

こう書き換えてみると，$r = r_{\mathrm{sch}}$ で計量が発散しなくなり，特異点でない事が分かります．具体的にはここまでの座標変換をするまでもなく，リーマン幾何学でいうスカラー曲率を計算すると，$r = 0$ でのみスカラー曲率が発散することから，$r = r_{\mathrm{sch}}$ は特異点でないことが分かります．

さて，クルスカル・スゼッケル座標を使うと $r = r_{\mathrm{sch}}$ は特異点でないことが示せるだけでなく，$r = r_{\mathrm{sch}}$ の内側も外側も解析できるという長所があります．さらに，シュヴァルツシルト解で表される時空が最大限に拡張できることも示されます．$-\infty < R < \infty$，$T^2 - R^2 < 1$ である全ての領域を扱えます．さらに

$$U = T - R,$$
$$V = T + R,$$

[*3] ルメートルは，ハッブルよりも数年前に天体の距離と後退速度が比例関係にあるという，「ハッブルの法則」を発表していましたが，フランス語の雑誌に発表していたために長年埋もれていました．21 世紀に入りその事実が知られるようになり，2018 年の国際天文学連合総会で「ハッブル・ルメートルの法則」と呼ぶように変更する決議がなされました．

という座標変換を行うと，ブラックホールから見て外に向かう光の経路は U が一定，内に向かう経路は V が一定になります．また，$UV = 0$ は事象の地平線に対応し，特異点は $UV = 1$ になります．さらにこの座標系について調べると，T が負である特異点は粒子が逃げることが出来るが決して戻ることが出来ない**ホワイトホール**になります．

クルスカル・スゼッケル座標を使った解析ではまだまだ面白い性質が見出せるのですが，紙面が足りなくなるので，詳細は専門書を見ていただければと存じます．

3.2 ライスナー・ノルドシュトロム解

シュヴァルツシルトによりアインシュタイン方程式の特殊解が得られました．それでは他の解はどうでしょう．古典物理学の柱の一つには電磁気学があります．電磁気学は電場と磁場を扱う理論ですが，磁場には N 極だけ，S 極だけの粒子である単極子はなさそうだと考えられているので，電荷だけ考えます．シュヴァルツシルト解は電気的に中性でしたが，電荷をもつ解が考えられています．それがライスナー・ノルドシュトロム解です．実際には他の物理学者も解を見つけていますが，二人の名前が有名になっているようです [8, 9, 10, 11]．

ライスナー・ノルドシュトロム解は球対称で電荷を帯びたブラックホールを表します．

$$\mathrm{d}s^2 = -\left(1 - \frac{2GM}{c^2 r} + \frac{GQ^2}{4\pi\varepsilon_0 c^4 r^2}\right)\mathrm{d}t^2 + \left(1 - \frac{2GM}{c^2 r} + \frac{GQ^2}{4\pi\varepsilon_0 c^4 r^2}\right)^{-1}\mathrm{d}r^2$$
$$+ r^2\left(\mathrm{d}\theta^2 + \sin^2\theta\,\mathrm{d}\phi^2\right). \tag{8}$$

Q は電荷を表します．上記の解で，$Q = 0$ がシュヴァルツシルト解に対応します．このブラックホールは地平線が 2 つ存在します．

$$r_\pm = M \pm \sqrt{M^2 - Q^2}.$$

外側が事象の地平線，内側がコーシー地平線とよばれる場所です．両者は $M = |Q|$ で一致します．万が一 $Q > M$ となると半径が複素数になってしまうようですが，ブラックホールが持ちうる電荷の最大値が存在すると考えられています．この仮説については後ほど解説します．

4 一般相対性理論による軸対称解

4.1 カー解，カー・ニューマン解

シュヴァルツシルト解，ライスナー・ノルドシュトロム解は球対称の解です．もしブラックホールが自転していたらどうなるでしょうか．後述の話とも関係しますが，自転している星が潰れてブラックホールになったとしたら，角運動量が抜けない限り，非常にコンパクトな天体が高速で回転していることになります．

ニュージーランドのカーにより，1963年に自転するブラックホール解が発見されました [12] [*4]．この解はカー解とよばれています．カーが発表した解は形が複雑なので，少し見通しがつきやすいボイヤー・リンキスト座標で記述すると以下のようになります．

$$ds^2 = -\left(1 - \frac{r_{\text{sch}}\, r}{\rho^2}\right)dt^2 + \frac{\rho^2}{\Delta}dr^2 + \rho^2 d\theta^2$$
$$+ \left(r^2 + a^2 + \frac{r_{\text{sch}}\, r a^2}{\rho^2}\sin^2\theta\right)\sin^2\theta\, d\varphi^2$$
$$- \frac{2r_{\text{sch}}\, r a \sin^2\theta}{\rho^2} c\, dt\, d\varphi, \tag{9}$$

$$a = \frac{J}{Mc}, \tag{10}$$
$$\rho^2 = r^2 + a^2\cos^2\theta, \tag{11}$$
$$\Delta = r^2 - r_{\text{sch}}\, r + a^2. \tag{12}$$

式が非常に長いので解析が難しいのですが，調べていくと奇妙な性質が次々と見つかります．まず，**慣性系の引きずり**という現象です．ニュートンの万有引力では，軸対称の質量分布を持つ星が自転していたとしても，周囲の天体は何も影響を受けません．ところが，カー解を見てみると，自転の影響で周囲の座標系が自転と同じ方向に引きずられる事が分かります．

事象の地平線は，以下のようになります．

$$r_H = \frac{r_{\text{sch}} \pm \sqrt{r_{\text{sch}}^2 - 4a^2}}{2}. \tag{13}$$

さらに不思議な領域が存在します．

$$r_E = \frac{r_{\text{sch}} \pm \sqrt{r_{\text{sch}}^2 - 4a^2\cos^2\theta}}{2}. \tag{14}$$

$r_E > r > r_H$ の領域は**エルゴ領域**とよばれています．この領域の不思議なことは，ブラックホールの自転方向と同じ方向にしか運動できないということです．先ほどの慣性系の引きずりとも関係しますが，たとえ光速であっても逆回転が出来ない奇妙な領域が現れます．

カー解については，ペンローズにより興味深い考察がなされています [13]．ブラックホールの外部から物体を落下させ，地平線の近くで分割し一方をブラックホールの方向に落下させ，もう一方を脱出するようにさせます．すると，物体が落下した時に持っていた運動エネルギーよりも大きなエネルギーを，脱出した物体が持って帰ってこられるというものです．この過程は**ペンローズ過程**と名付けられており，ブラックホールの自転エネ

[*4] カーは若いころから数学に非凡な才能を示していました．大学の卒業認定単位を極めて速く取得したものの，修学年限の規定から卒業できなかったために，卒業までボクシングに熱中し，教員たちから脳の損傷を恐れを心配されたという逸話があります．

ギーを奪い去っています．物体ではなく波動の場合にも，同様に入射したエネルギー以上のエネルギーが放出されることが知られています [14]．

カー解が発表された後，ニューマンらにより自転しておりかつ電荷を持つ場合の解が示されました [15]．この解はカー・ニューマン解とよばれています．

$$ds^2 = -\left(\frac{dr^2}{\Delta} - d\theta^2\right)\rho^2 + (c\,dt - a\sin^2\theta\,d\varphi)^2\frac{\Delta}{\rho^2}$$
$$- \left((r^2 + a^2)d\varphi - ac\,dt\right)^2\frac{\sin^2\theta}{\rho^2},$$

$$a = \frac{J}{Mc}, \tag{15}$$
$$\rho^2 = r^2 + a^2\cos^2\theta, \tag{16}$$
$$\Delta = r^2 - r_{\text{sch}}\,r + a^2 + r_Q^2, \tag{17}$$
$$r_Q = \frac{GQ^2}{4\pi\varepsilon_0 c^4}. \tag{18}$$

カー・ニューマン解では事象の地平線が 2 つ存在します．

$$r_H = \frac{r_{\text{sch}}}{2} \pm \sqrt{\frac{r_{\text{sch}}^2}{4} - a^2 - r_Q^2}, \tag{19}$$

エルゴ領域の境界も 2 つ存在します．

$$r_E = \frac{r_{\text{sch}}}{2} \pm \sqrt{\frac{r_{\text{sch}}^2}{4} - a^2\cos^2\theta - r_Q^2}, \tag{20}$$

これで，質量，電荷，角運動量を持つ場合の解が出揃いました．現実的には，大きな電荷が存在する可能性は低いでしょう．なぜならば，例えば正の大きな電荷が存在すれば電磁気力により負の電荷が引き寄せられ，結果として電荷は中性に近づくからです．むしろ，角運動量が非常に大きい可能性の方があります．ブラックホールではなく中性子星の場合，速いものでは 1 秒間に 500 回転以上自転するものがあるからです．

5 ブラックホールに関する理論的考察

5.1 極めて高密度なコンパクト天体

それではブラックホールになりうる天体とは，どのような天体でしょうか．恒星は自分自身の重力で潰れようとする力を，内部の核融合反応によりエネルギーが発生することで逆らおうとします．このため，恒星の一生の大部分を占める主系列星の段階では，安定して存在できます．ところが，核融合反応が止まってしまった場合はどうでしょうか．重力で潰れようとしても圧縮されたガスは圧力が上がり，潰れないように支えようとします．例えば木星は構成要素大部分が水素と考えられていて，核融合反応が内部で起きているわけではありませんが，ガスの圧力で支えられています．

ガスの圧力で支えきれないほど，自分自身の重力がうんと強い場合にはどうかという事になります．その時に重要になるのが**パウリの排他律**です．原子は原子核とその周りを回る電子から構成されていますが，同じ軌道に入ることのできる電子の数は限られています．そして電子は同じ状態を取ることが出来ないフェルミ粒子です．同じ状態（同じ軌道）に複数の電子が入り込もうとすると，縮退圧という圧力が働いて排除します．

電子の縮退圧で支えられている星が，白色矮星です．太陽程度の質量の構成が一生を終えた後に残る星です．しかし，縮退圧で支えられる星の質量には限度があります．インドのチャンドラセカールは，20 歳そこそこでこの計算を行い，上限は太陽質量の約 1.4 倍であることを示しました [16]．大変大きな成果ではあるのですが，意気揚々と当時の宗主国であったイギリスの学会で発表した際には，天文学の大御所であるエディントンはまともに検討することなく，頭ごなしに否定してしまいます．このため，ブラックホールの理論的研究は大きく遅れてしまうことになります[*5]．現在ではこの白色矮星の質量の上限は**チャンドラセカール質量**として知られています．

電子の縮退圧で支えきれなくなった星はどのようになるのでしょうか．実際にはさらに潰れて，星全体が一個の巨大な原子核のようになります．これを中性子星といいます．中性子もフェルミ粒子であり，今度は中性子の縮退圧で支えられるようになります．トールマン，オッペンハイマー，ヴォルコフによって初期の計算がなされています [17, 18][*6]．しかし，極めて高密度の状態であるため，状態方程式がどのようなものであるかが分からず，質量の上限に不確定性が残っています．様々な状態方程式が提案されていますが，いずれにせよおそらく太陽質量の 2 倍前後が上限ではないかと考えられています．

これらの質量の上限を超えると，星自身を支えることはもはやできなくなり，果てしなく潰れてブラックホールになると考えられます．

5.2 ブラックホール唯一性定理

ブラックホールの解として質量，電荷，角運動量の有無による解を述べました．これ以外のブラックホールは存在しないのでしょうか．まず，静的時空の場合に以下のような定理が示されています [19]．

時空が漸近的に平坦であり，事象の地平線を持ち，かつ事象の地平線あるいは外側に時空特異点が存在しなければ，解はライスナー・ノルドシュトロム解になります．

シュヴァルツシルト解は，電荷が 0 という特別な場合です．球対称で真空の場合は，静的という仮定をしなくてもシュヴァルツシルト解になることが示されています．これを「バーコフの定理」といいます．

さらに定常的（時間変化しない）時空におけるブラックホール唯一性定理という定理が

[*5] エディントンが悪役のようになってしまいますが，恒星進化の理論では核融合によるエネルギー発生を提唱していますし，日食時の恒星の見え方のずれから一般相対性理論を検証している世界でも代表的な天体物理学者でした．ただし当時はナイトに叙せられた晩年であり，さらにその後は風変わりな研究に没頭して科学界から除け者のような扱いになってしまいます．

[*6] ここに現れたオッペンハイマーは，後にマンハッタン計画を率いています．

示されています [20]．時空が漸近的に平坦であり，事象の地平線あるいは外側に時空特異点が存在で，かつ時空の地平線の外側のトポロジーが $S^2 \times R^2$ と同相であれば，真空かつ軸対称で定常な解はカー・ニューマン解になることが示されています[*7]．

ここで述べた定理は，一般相対性理論でかつ電場のみを考えた場合です．もし量子論的な場を考えたり，一般相対性理論を超える重力理論（修正重力理論や高次元の理論など）を考えた場合には，多様な解が存在します．

宇宙論で取り扱われる解についても一般相対性理論に基づいて導出されますが，こちらは時間変化する解ですのでここで述べた定理の仮定が適用されません．

5.3 宇宙検閲官仮説

アインシュタイン方程式の解では特異点が現れることがしばしばありますが，特異点では物理法則が破綻します．シュヴァルツシルト解では中心に特異点がありますが，事象の地平線によって外部からは見えないようになっています．言い換えると，ブラックホールの外部と内部が区切られており，特異点の影響は外部に及ばないようになっています．ところが，ライスナー・ノルドシュトロム解で電荷があまりに大きすぎたり，あるいはカー解で角運動量があまりに大きすぎたりすると，特異点（あるいは特異線）が事象の地平線の外側に出てしまうことが，数式上は示されます．さらには，富松-佐藤解 [21] のような解では，特異点が事象の地平線の外側に出てしまいます．このような特異点を**裸の特異点**といいます．

裸の特異点で物理法則が破綻するだけでなく，裸の特異点と連なる時空全てで物理法則が破綻するため，最悪の場合は全宇宙で物理法則が破綻するという破滅的状況に陥ります．ペンローズは**宇宙検閲官仮説**を提唱し，何らかの物理的理由で裸の特異点は存在しえないだろうと予想しました [22]．

宇宙検閲官仮説には二種類あります．ペンローズはホーキングと共に一般的に宇宙の始まりは特異点（初期特異点）であるとする**特異点定理**を証明しています [23]．**弱い宇宙検閲官仮説**は，宇宙には初期特異点以外の裸の特異点は存在しないという主張です．一方，**強い検閲官仮説**は，時空に存在，あるいは形成されるいかなる特異点も，事象の地平線の内側に隠されるというものです．

特異点定理で示される初期特異点は，一般相対性理論の帰結として現れますが，宇宙の始まりを記述するには一般相対性理論では不十分で重力の量子論が必要と考えられています．重力の量子論は未完成ですが，初期特異点は重力の量子論で回避できるだろうと考えられています．

一方で，宇宙検閲官仮説に対する反例として，ブラックホールが形成されるような重力崩壊の過程で裸の特異点が生じるという事がシミュレーションで示されています [24]．現状では宇宙検閲官仮説は仮説の域を出ず，決着はついていません．

[*7] S^2 とは球面のような穴の開いていない立体の表面を意味します．説明が難しいので，不正確になるのを承知で簡単に言えば，穴が開いていない立体で，かつ定常（時間変化しない）ブラックホールの解は，カー・ニューマン解になるという事です．

5.4 ブラックホールの熱力学，蒸発理論

熱力学には以下のような法則があります．

0. 系 A と B，系 B と C がそれぞれ熱平衡ならば，系 A と C も熱平衡です．
1. 系の内部エネルギー U の変化 dU は，外界から系に入った熱 δQ と外部に行われた仕事 δW の和に等しくなります．式で表すと以下の通りです．
2. 断熱系において不可逆変化が起きた時，系のエントロピーは増大します [*8]．
3. 絶対零度でエントロピーはゼロになります（ネルンストの仮説）．言い換えると，絶対零度への到達が不可能であるということです．

ベッケンシュタインは熱力学と同様のアナロジーで，ブラックホールのエントロピーを考えました．熱力学の第二法則を，ブラックホール熱力学として考え，事象の地平線の面積がブラックホールのエントロピーに比例するとしました．

単に類似しているだけでは物理的な意味がなく，当初は激しい批判にさらされたようですが，翌年にバーディーン，カーター，ホーキングによって発表された論文により，ブラックホールのエントロピーと表面積の関係が示されました [26]．さらにホーキングは，ブラックホールの周りの真空について「曲がった時空の場の理論」を適用した考察により，ブラックホールは物質を吸い込むだけでなく熱的な放射を行うという，ブラックホールの蒸発理論を提唱しました [27]．この結果，ベッケンシュタインの研究では予想でしかなかったブラックホールの表面積とエントロピーの間の比例係数も決まるようになりました．

$$S_{\mathrm{BH}} = \frac{k_{\mathrm{B}} A}{4 \ell_{\mathrm{P}}^2}. \tag{21}$$

k_{B} はボルツマン定数，ℓ_{P} はプランク長さ，A がブラックホールの表面積になります．

ブラックホールの熱力学についても，前述のバーディーン，カーター，ホーキングの論文で示されています．

0. 定常ブラックホールでは，地平線は一定値の表面重力を持ちます．
1. 定常ブラックホールに対するエネルギー変化は，質量，角運動量，電荷の変化と以下のように関係づけられます．

$$dE = \frac{\kappa}{8\pi} dA + \Omega \, dJ + \Phi \, dQ.$$

ここで κ はブラックホールの表面重力，Ω は角速度，J は角運動量，Φ は静電ポテンシャル，Q は電荷を表します．
2. （弱いエネルギー条件を前提とすると），ブラックホールの事象の地平線の面積は単調増加します．

$$\frac{dA}{dt} \geq 0.$$

[*8] 熱力学第二法則は様々な表現があります．

3. 表面重力がゼロであるブラックホールは存在しません.

さて，ブラックホールの熱力学の第二法則ですが，事象の地平線の面積はブラックホールの蒸発理論によって矛盾することになります．そこで，事象の地平線の面積の代わりに，ブラックホールエントロピーのエントロピーと，蒸発し脱出した物質や輻射のエントロピーの和が時間に対して単調増加という事で一般化されます.

ブラックホールの蒸発理論によると，その熱放射の温度は

$$T_{\mathrm{H}} = \frac{\kappa}{2\pi}, \tag{22}$$

となります.

また，ブラックホールの熱力学の第三法則については，電荷や角運動量が極端に大きいような極限ブラックホールでは，表面重力がゼロになってしまいます.

さて，通常の熱力学とブラックホールの熱力学との大きな相違は，エントロピーの取扱いです．後述の重力波の観測のところで述べるように，ブラックホール同士の合体では質量の一部が放出される重力波のエネルギーに変換されます．仮想的に，同じ質量のブラックホール同士が合体し，重力波によるエネルギー損失がないとしましょう．シュヴァルツシルト解では，ブラックホールの半径は質量に比例します．このため，同じ質量のブラックホール同士が合体し質量欠損がないとすると，合体後の質量が 2 倍になることで半径が 2 倍のブラックホールが形成されます．すると，表面積は半径の 2 乗である 4 倍になります．表面積はブラックホールのエントロピーに比例するので，**ブラックホールエントロピーは非加法的である**というわけです．統計物理の観点からして，ブラックホールのエントロピーと考えている量がエントロピーとして妥当な物理量なのかは，明らかになっていません.

6 観測によるブラックホールの存在確認

6.1 未知の高エネルギー現象の発見

ブラックホールはその名の通り，光すら出てこられません．それではどのように発見すればいいのでしょうか．重力が大変に強いため，周囲に様々な影響を及ぼします．ブラックホールに物体が落下する様子を捉えていけば，間接的な証拠になるでしょう．1974 年に，はくちょう座に強力な X 線源が存在することが報告されました [28]．この X 線源は 1 秒以下という極めて短時間で強度を変化させています．この X 線源ははくちょう座 X-1 と名付けられています.

はくちょう座 X-1 は連星系をなしており，軽い方の天体である伴星は今ではブラックホールの最有力候補とされています．重い主星は青色超巨星であるのですが，その表面からガスが流出し，近くの天体に吸い込まれる時に強い X 線が放出されていると解釈されました．流出したガスは単にブラックホールに流れ込むのではなく，ブラックホールの周りを高速で回転し，降着円盤とよばれる円盤を形成します．降着円盤は内側と外側で回転速度が大きく異なるため，この時の摩擦によりエネルギーが発生し，強い X 線が放出さ

れると考えられます．内側のガスは摩擦により角運動量を失い，ブラックホールに落下していきます．

はくちょう座 X-1 の発見以降，X 線を観測することで間接的にブラックホールの存在を確認するという方法が継続されています．X 線は大気を通過しないため，人工衛星による観測が必要となります[*9]．

6.2 天の川銀河のブラックホール Sgr A*

私たちのいる地球は，太陽系に属しています．そして太陽系は銀河という巨大な天体に属しています．恒星の分布の様子から，我々の銀河（天の川銀河）はつばの広い帽子を上下に重ねたような形状をしていると考えられています．中央部に球状の部分があり，その周囲を渦を巻く円盤が取り巻いています．直径は約 10 万光年で，太陽系は天の川銀河の中心から約 3 万光年のところにあります．そして，天の川銀河はゆっくりと回っていることが知られています．

天の川銀河に類似した銀河は沢山ありますが，回転の様子を調べると不思議なことが分かります．円盤の回転を留めるには，中心付近で輝いている星の数が足りないのです．この問題は，「重力を及ぼすが光を出さない」ダークマターの存在を示唆するものになっています．

さて，天の川の一番濃い（星が多く集まっている）方向は，いて座の方向です．ちょうど天の川銀河の中心の方向に当たります．この方向に，非常に小さいながらも強力な電波を発する天体 Sgr A* が存在します．天の川銀河の中心方向から電波が放射されていることは 1930 年代に知られていましたが [29]，中心付近を詳細に調べるには電波干渉計が必要でした [30]．そして，中心付近の電波源の周囲に，ジェットのような構造が発見された際に，Sgr A* という名がつけられました [31]．

また，赤外線での観測では，Sgr A* の周りを恒星が周っている様子が確認されています．10 年以上の継続観測から，Sgr A* そのものはほとんど動いていないのに対し，周囲の恒星が楕円運動をしている様子がみられます [32]．そして，Sgr A* そのものは赤外線で見えないという特徴もあります．これらから，Sgr A* は太陽の約 400 万倍の質量をもつブラックホールである可能性が非常に高いと考えられています [33]．今後，従来の電波干渉計よりも分解能が高い電波干渉計などを使う事で，「ブラックホールの影」のようなものが観測され，よりブラックホールである可能性が確実視される可能性が高いです．

6.3 重力波の発見

ブラックホールを探し出す究極の方法は，重力波を観測することです．アインシュタインの一般相対性理論によれば，時空のゆがみは重力波として高速で伝わります．そして重力波が放出された系は，エネルギーを失います．

[*9] X 線観測は「日本のお家芸」といわれ，1979 年の「はくちょう」以降，てんま，ぎんが，あすか，すざくといった人工衛星が活躍しています．

ハルスとテイラーにより発見された連星パルサー PSR B1913+16 は，最初は一方しか見つかりませんでした．詳細に調べると，パルスのタイミングが若干ずれることから，連星系であることがわかりました [34]．さらにこのパルサーを継続して観測していくと，連星系の公転周期がわずかに遅くなっていることが分かりました．このずれについて，一般相対性理論に基づく重力波放出でのエネルギー損失を理論的に予言すると，見事に一致しました [35]．この事から，間接的ではありますが重力波の放出が確かめられており，連星系の各々の天体についても質量がわかっています[*10]．

さて，重力波を観測するにはどうすればいいでしょう．重力波は遠方で発生したとなると非常に弱いものと考えられます．非常に弱い波を，周囲の雑音から避けて拾い上げることが重要です．特定の振動数の重力波にだけ共振する装置など，様々な装置が考えられましたが，現在ではレーザー光を使った干渉計が一般的です．マイケルソン・モーレーの実験で使われたような干渉計を使います．レーザー光を発振し，ハーフミラーに当てます．そして，一方を 90 度反射させて往復させます．もう一方は一旦直進させて，戻ってきたところで 90 度反射させます．そして両者を干渉させます．重力波が届くと，経路の長さがわずかに異なることから干渉縞にずれが生じます．このずれを測定することで，重力波の到達を測定するわけです．

重力波とその観測の苦労について書き始めると非常に長いので，他の本を読んでいただくといいでしょう（例えば [36]）．重力波を観測するための干渉計は，世界各地に作られています．アメリカには LIGO という干渉計が 2 か所に設置され，ヨーロッパではイタリアに VIRGO があります．日本は三鷹の国立天文台に TAMA300 という小型のものが建設され，現在では神岡に KAGRA が建設され稼働間近です．

2015 年 9 月 14 日，アメリカの LIGO でブラックホールの合体によるものとされる重力波が観測されました [37, 38]．様々な合体を想定して重力波の波形を理論的に予言していたわけですが，そのような波形が観測されたわけです．2 台の LIGO で観測されたため，機器のノイズではないと判断されました．重力波の発生源の位置を決めるには，干渉計が 2 台だけでは無理があり正確な位置は判明していませんが，地球からおよそ 440 メガパーセク離れたところでの現象と考えられています．太陽質量の約 36 倍のブラックホールと約 29 倍のブラックホールが合体し，太陽質量の約 62 倍のブラックホールが形成されたと推測されています．この現象は観測された日を取って GW150914 と名付けられています[*11]．

ここで，ブラックホールの合体前後の質量にずれがあることにお気づきでしょうか．質量とエネルギーの等価性の通り，合体前後での質量欠損がエネルギーに変換されています．太陽質量の約 3 倍分のエネルギーが，重力波によって放出されたと考えられていま

[*10] この天体の発見により，ハルスとテイラーは 1993 年にノーベル物理学賞を受賞しています．

[*11] 重力波の観測の論文は，出版が極めて速い Phys. Rev. Lett. でも投稿されて編集部判断で即時に受理され，3 週間後に出版という極めて異例の扱いを受けています．Nature, Science は『商業誌』であり，Phys. Rev. Lett. よりも出版に時間がかかる上，出版まで研究成果を発表してはならないなどの拘束があるため，Phys. Rev. Lett. に論文が投稿されたのは研究者の観点からすると妥当な話です．なお，ノーベル物理学賞も規定内の最短期間で授与されています（2017 年）．

す．これだけ膨大なエネルギーが発生しているので，地球でも観測できたわけです[*12]．

その後もブラックホールの合体によるものと思われる重力波は次々と見つかっています．2017 年には LIGO, Virgo の計 3 台による中性子星同士の合体の重力波が観測され，さらに光学による同時観測もなされています [39] [*13]．一般相対性理論の予言に過ぎなかったと思われるブラックホール，重力波ですが，新たな天文学の窓を開いたと言えるでしょう．今後，日本の KAGRA も本格稼働します [40]．レーザー光を反射させる鏡を極低温にして，雑音を極力下げている干渉計です．今後の重力波観測において大きな貢献をすることが期待されます．

7 ブラックホールの未解決問題

ブラックホールについて理論，観測に関する歴史的な話を述べてきましたが，未解決問題は数多くあります．

天の川銀河の中心に極めて重いブラックホールがあることを述べましたが，このようなブラックホールがどうやって形成，成長していったのでしょうか．恒星の一生の最後に形成されるブラックホールは，質量が太陽の数倍から数十倍と考えられます．恒星の質量は上限があり，あまりに重すぎると内部の核融合反応が激しすぎて安定に恒星が存在しえません（エディントン限界）．このため，極めて重いブラックホールが恒星の最期としてできるのは難しいのではないかと考えられます．一方で，まだ仮説ですが宇宙最初の星として**種族 III** という（水素やヘリウムに比べて）重い元素が全く存在しない星ならば，より質量の大きい星が誕生し，極めて短い時間で寿命を終えると考えられます．このため，種族 III の星が重いブラックホールになったのではないかという説もあります [41]．

極めて重いブラックホールの形成については，1980 年代に様々なシナリオが整理されましたが，現状では決着がついていません [42]．太陽質量の数百万倍の質量を持つブラックホールが形成される前に，**中間質量ブラックホール**とよばれる，太陽質量の数百倍から数千倍の質量のブラックホールの存在が示唆されています [43, 44]．大質量ブラックホールになる前のブラックホールの可能性がありますが，中間質量ブラックホールの起源もまだ明らかになっていません．中間質量ブラックホールが他の天体と合体する様子を捉えるには，現在の重力波干渉計では感度の低い周波数帯になります．そこで，中間質量ブラックホールの合体の様子をも捉えられる重力波干渉計を宇宙に打ち上げようという計画が，日本で進められています [45]．

重力波を観測したブラックホールも，星の最期にできると予想されるブラックホールと比べて，質量が非常に重いです．現時点で重力波が観測されているブラックホールの連星は，どれも予想以上に質量の重いものばかりです．これらについても，成因がまだわかっ

[*12] でも，重力波のずれはわずかです．長さが $10^{-22} - 10^{-23}$ 程度変化したことを干渉計で捕らえる必要があります．

[*13] 中性子性同士の合体について詳細に観測したことで，中性子星の内部にある物質の状態や，金などの原子番号の大きい元素の起源について，解明が進むと期待されています．本書はブラックホールに関することを述べるつもりのため，詳細は別の文献をご覧ください．

ていません.

一方,星の寿命が尽きて出来るブラックホールよりも,遥かに軽いブラックホールが出来る可能性も考えられています. 1966 年にゼルドビッチとノビコフにより提案され [46],ホーキングにより理論的考察が深められた原始ブラックホール [47] は,宇宙初期に大量に作られたと考えられる,非常に小さいブラックホールです. もしこのようなブラックホールが存在したとしても,質量が小さいために重力が弱く,よほど近接しない限り影響はないでしょう. 一方で前述のブラックホールの蒸発理論に従うと,蒸発の最終段階に至っているブラックホールが現在の宇宙に存在する可能性があります. 現状ではそれらしい天体現象は見つかっていません[*14].

質量とエネルギーの等価性を考えると,非常に狭い領域に大きなエネルギーを詰め込めばブラックホールになる可能性があります. ヨーロッパの加速器 LHC の内部での粒子衝突の実験で,微小なブラックホールができる可能性が示唆されています [48, 49]. 生成されたブラックホールが消滅せずに地球を飲み込んだらどうなるかという実験反対運動も起きましたが,現状ではブラックホール形成の痕跡は報告されていません[*15].

理論上の複雑な問題として,「ブラックホールに落下した物体の情報はどうなるのか」という**ブラックホール情報パラドックス**という問題があります. ブラックホールに物体が落下して合体してしまったとすると,物体の特徴を示す情報がどうなったかを考えなくてもいいでしょう. ブラックホールの質量,電荷,角運動量がどう変化したかを考えればいいという問題で済むでしょう. ところが,ホーキングによるブラックホールの蒸発を考えると,粒子や放射が再び外部に放出されることになります. これらの粒子や放射は,一体どのような情報を持って出てくるのでしょうか. ホーキングは,自身の理論では落下した物体の情報は失われると考えていたようですが,その後の研究で情報は失われることがなさそうであるという事が示されています [50]. このパラドックスは考えれば考えるほど,量子情報理論とも関わるいろいろな問題を提起しています.

ここに挙げていない未解決問題もまだ数多くあります. 興味のある方はさらに他の文献や Web サイトなどを調べてみるといいのではと思います.

参考文献

[1] J. Michell, Phil. Trans. R. Soc. London 74 35–57 (1784).
[2] P. S. Laplace, *Exposition du Système du Monde. Part II* (Paris, 1796).
[3] C. Montgomery, W. Orchiston, I. Whittingham, J. Astron. His. Heri. 12, 90–96 (2009).

[*14] 突発的かつ強力なガンマ線を放出する天体現象であるガンマ線バーストの起源とする説もありますが,中性子星同士の合体でも重力波と共に小規模なガンマ線バーストが観測されています. ブラックホールの蒸発とは限りません.

[*15] もしこのような実験でブラックホールが生成され消滅しないとすると,LHC よりも数桁大きいエネルギーをもって地球に降り注ぐ超高エネルギー宇宙線により生じるブラックホールにより,地球は既に壊滅しているでしょう.

[4] K. Schwarzschild, Sitzungsberichte der Königlich Preussischen Akademie der Wissenschaften 7, 189–196. (1916)
The Abraham Zelmanov Journal 1, 10–19 (2009) (English Translation).
[5] D. Hilbert, Mathematische Annalen (Springer-Verlag) 92, 1–32 (1924).
[6] G. Lemaître (1933). "L'Univers en expansion". Annales de la Société Scientifique de Bruxelles. A53, 51–85.
G. Lemaître, A. Georges (1997). ". Gen. Rel. Grav. 29, 641–680. (English translation)
[7] M. D. Kruskal, Phys. Rev. 119, 1743 (1960).
[8] H. Reissner, Annalen der Physik 50, 106–120 (1916).
[9] H. Weyl, Annalen der Physik 54, 117–145 (1917).
[10] G. Nordström, Verhandl. Koninkl. Ned. Akad. Wetenschap., Afdel. Natuurk., Amsterdam. 26, 1201–1208 (1918).
[11] G. B. Jeffery, Proc. Roy. Soc. Lond. A. 99, 123–134 (1921).
[12] R. P. Kerr, Phys. Rev. Lett. 11, 237–238 (1963).
[13] R. Penrose and R. M. Floyd, Nature Physical Science 229, 177–179 (1971).
[14] Y. B. Zel'dovich, ZhETF Pisma Redaktsiiu. 14 270–272 (1971).
[15] E. T. Newman et al., J. Math. Phys. 6, 918–919 (1965).
[16] S. Chandrasekhar, Astrophys. J. 74, 81–82 (1931).
S. Chandrasekhar, Mon. Not. R. Astron. Soc. 95, 207–225 (1935).
[17] R. C. Tolman, Phys. Rev. 55, 364–373 (1939).
[18] J. R. Oppenheimer and G. M. Volkoff, Phys. Rev. 55, 374–381 (1939).
[19] W. Israel, Phys. Rev., 164, 1776–1779 (1967)
[20] B. Carter, Phys. Rev. Lett. 26, 331–333 (1971).
[21] A. Tomimatsu and H. Sato, Phys. Rev. Lett. 29, 1344–1345 (1972).
[22] R. Penrose, Riv. Nuovo Cim. 1, 252–276 (1969).
[23] S. W. Hawking and R. Penrose, Proc. R. Soc. London A 314, 529–548 (1970).
[24] S. L. Shapiro and S. A. Teukolsky, Phys. Rev. Lett. 66, 994–997 (1991).
[25] J. D. Bekenstein, Phys. Rev. D 7, 2333–2346 (1973).
[26] J. M. Bardeen, B. Carter, S. W. Hawking, Comm. Math. Phys. 31, 161–170 (1973).
[27] S. W. Hawking, Comm. Math. Phys. 43, 199–220 (1975).
[28] R. E. Rothschild et al., Astrophys. J. 189 77–115 (1974).
[29] K. G. Jansky, Popular Astronomy 41, 548–555 (1933).
[30] B. Balick and R. L. Brown, Astrophys. J. 194, 265–270 (1974).
[31] R. L. Brown, Astrophys. J. 262, 110–119 (1982).
[32] R. Schödel et al., Nature 419, 694–696 (2002).
[33] A. M. Ghez et al., Astrophys. J. 689, 1044–1062 (2008).
[34] R. A. Hulse and J. H. Taylor, Astrophys. J. 201, L55–L59 (1975).
[35] J. H. Taylor and J. M. Weisberg, Astrophys. J. 253, 908–920 (1982).

[36] 川村静児, "重力波とは何か アインシュタインが奏でる宇宙からのメロディー (幻冬舎新書) ", (幻冬舎, 2016).
[37] B. P. Abbott et al. (LIGO Scientific Collaboration and Virgo Collaboration) Phys. Rev. Lett. 116, 061102 (2016).
[38] https://www.ligo.org/science/Publication-GW150914/science-summary-japanese.pdf
[39] B. P. Abbott et al. (LIGO Scientific Collaboration and Virgo Collaboration) Phys. Rev. Lett. 119, 161101 (2017).
[40] The KAGRA Collaboration, Phys. Rev. D 88, 043007 (2013).
[41] P. Madau and M. J. Rees, Astrophys. J. 551, L27–L30 (2001).
[42] M. J. Rees, Ann. Rev. Astron. Astrophys. 22, 471–506 (1984).
[43] H. Matsumoto et al., Astrophys. J. 547, L25–L28 (2001).
[44] S. Farrell, Nature 460, 73–75 (2009)
[45] S. Kawamura et al., Class. Quant. Grav. 23, S125–S131 (2006).
[46] Y. B. Zel'dovich and I. D. Novikov, Astron. Zh. 43, 758–760 (1966). Y. B. Zel'dovich and I. D. Novikov, Sov.Astron. 10, 602–603 (1967) (English translation).
[47] S. W. Hawking, Mon. Not. R. Astron. Soc. 152, 75–78 (1971).
[48] A. Chamblin and G. C. Nayak, Phys. Rev. D 66, 091901(R) (2002).
[49] B. Koch, M. Bleicher, and S. Hossenfelder, JHEP 10, 053 (2005).
[50] J. L. F. Barbón, J. Phys.: Conf. Ser. 171, 012009 (2009).

ブラックホールの理論と観測 入門
(りろん) (かんそくにゅうもん)

2019 年 4 月 14 日 初版 発行
著　者　　茗荷 さくら　(みょうが さくら)
発行者　　星野 香奈　(ほしの かな)
発行所　　同人集合 暗黒通信団 (http://ankokudan.org/d/)
　　　　　〒277-8691 千葉県柏局私書箱 54 号 D 係
頒　価　　250 円 / ISBN978-4-87310-231-3 C0042

乱丁、落丁がある本は在庫がある限りお取り替え致します。
「私は宇宙検閲官だ」と名乗る方の検閲はお断りします。

ⓒCopyright 2019 暗黒通信団　　　　Printed in Japan